LETTRE

*Adreſſée par M. D E S L O N aux Auteurs
du Journal de Paris, & volontairement
refuſée par eux, concernant l'Extrait
de la Correſpondance de la Société Royale,
relativement au Magnétiſme - Animal,
rédigé par M. Thouret, & imprimé au
Louvre.*

Nota. Les perſonnes dont il eſt queſtion dans cette
Réponſe ſont Madame de L. *** & M. *** Avocat-
Général au Parlement de *** que nous ne voulons pas
nommer, n'en ayant obtenu la permiſſion ni d'elles ni de
M. Deſlon.

MESSIEURS,

Je viens de lire l'Extrait de la *Correſpondance
de la Société Royale de Médecine*, relativement
au Magnétiſme-Animal, rédigé par M. Thouret,
& imprimé par ordre du Roi. N'étant pas membre
de cette Compagnie, je n'ai point le privilége
de faire paroître ma Réponſe ſous des auſpices
auſſi reſpectables; mais je vous prie, au nom
de la Vérité, de vouloir bien l'inférer dans
votre Journal. Elle parviendra ſous les yeux
de Sa Majeſté, du moins je l'eſpère, & pourra

A

lui donner une idée de la manière dont on traite une queſtion qui, loin d'être décidée, n'a pu encore obtenir d'être examinée férieuſement.

Mon but n'eſt pas de relever toutes les abſurdités de cette compilation; il me ſuffit de répondre à ce qui m'eſt perſonnel. J'obſerverai cependant que de ſimples avis, adreſſés par des perſonnes intéreſſées à la proſcription de la nouvelle doctrine, ne méritent pas une grande confiance, ſur-tout lorſqu'ils ne ſont revêtus d'aucune forme légale, & qu'ils n'ont d'autre garant de leur véracité que la ſeule aſſertion de ceux qui les produiſent. N'eſt-ce pas ſe jouer du Public, que de lui offrir de pareils témoignages comme des preuves irrécuſables? J'oſe affirmer que, de tous ceux qui ſont contenus dans l'Extrait de M. Thouret, il en eſt bien peu qui puiſſent ſoutenir un examen ſévère; &, ſi quelqu'un réſiſtoit à cette épreuve, il faudroit encore s'en prendre à l'impéritie du Magnétiſeur : car je ne prétends pas que tous ceux qui ſe mêlent d'exercer cette nouvelle méthode, ſoient également inſtruits ni également habiles.

D'ailleurs j'aime à croire que, dans le nombre des Correſpondans de la Société Royale, pluſieurs peuvent avoir été trompés par l'apparence ; il eſt de fait que certaines criſes ſe prolongent pendant pluſieurs jours ; delà l'erreur de quelques Médecins, qui préſentent cette ſituation paſſagère comme un état habituel de folie. Mais que diroient-ils ſi, lorſqu'un de leurs malades éprouve un délire, on les accuſoit de l'avoir rendu fou par leurs remèdes ? Et comment ne voient-ils pas qu'en faiſant honneur au Magnétiſme d'un ſemblable pouvoir, ils en reconnoiſſent involontairement l'exiſtence, & ne font qu'ajouter aux motifs de lui prêter une attention ſérieuſe ? Cette réflexion n'auroit pas dû échapper aux Correſpondans ni à M. Thouret : mais, en liſant l'Ouvrage de ce dernier, on s'apperçoit plus d'une fois que, s'il brille par ſon zèle contre le Magnétiſme, c'eſt preſque toujours aux dépens de la ſaine logique ; & ſes propres aſſertions ne ſont pas moins étranges que celles des autres.

Si, comme je le dois croire, il eſt plus fidèle dans ſon Extrait que dans ſes diſcuſſions particulières avec moi, il n'en eſt cependant pas plus heureux.

Il cite (page 9.) une Lettre de M. Chauſſier, du 24 Septembre 1784, où il eſt dit : « qu'*une* » *femme, attachée à la doctrine du Magnétiſme,* » *portoit l'enthouſiaſme à un tel point, que, dans* » *une maladie qu'elle éprouva, elle ne voulut aucun*

A ij

» *remède* ». Cette obftination ; qu'on préfente comme un crime de lèze-Médecine, ne paroîtra pas fans doute irrémiffible , quand on fçaura que cette Dame, après avoir été très-infructueu-fement *droguée* par M. Chauffier & autres, pen-dant plufieurs années confécutives, fe foumit au traitement du Magnétifme , & obtint une parfaite guérifon. M. Chauffier n'a pas oublié fans doute, qu'étant venu voir cette Dame à Paris, où elle étoit, depuis quelques mois, à fuivre le traitement, il fut frappé (ce font fes propres termes) de la difparution des obftru-ctions, & fur-tout de la différence de fon pouls.

M. Chauffier n'a pas oublié non plus, qu'au retour de cette Dame à Dijon, il voulut bien examiner fon Etat , & m'informer de fon parfait rétabliffement, par une Lettre du 26 Décembre 1782, dans laquelle il paroît fur-tout émerveillé de la fonte d'une glande au fein , qui avoit ré-fifté aux fondans de toute efpèce.

M. Chauffier a vraifemblablement eu de bonnes raifons pour ne pas faire part de ces particula-rités à la Société Royale , où M. Thouret ne les a pas jugées dignes de figurer dans fon extrait.

C'eft encore à M. Chauffier, que la Société Royale eft redevable de la piquante Anecdote contenue dans les pages 25 & 26 du même Ou-vrage. J'ai vu, dit ce Chirurgien, une perfonne

de cette Ville , écrire à l'un des Chefs des Trai-
temens Magnétiques à Paris , le prier de lui
envoyer toutes les semaines une feuille de papier magnétisé , & tous les jours le Malade cré-
dule , porter sur l'Hypocondre le papier mer-
veilleux , vanter ses effets , louer la bonté , la
complaisance de l'homme généreux , qui sur une
feuille de papier blanc lui envoye le remède
invisible pour tous les maux.

Je dois charitablement apprendre à ceux qui
sont bien aise de connoître les masques , que je
suis le Héros de cette Historiette , qui n'a que
le petit défaut de n'être pas vraie. Le fait est,
que je n'ai écrit qu'une seule fois à cette per-
sonne , entre laquelle & moi l'on établit si gra-
tuitement cette correspondance hebdomadaire.
Elle est à même de le certifier , & son témoi-
ghage ne sauroit être suspect à la Société Royale.
Peut-être a-t-elle porté ma lettre sur son cœur,
parce qu'ayant soulagé les maux de sa mère ,
je lui en parlois avec un véritable intérêt. Mais
très-certainement elle n'a pas prétendu en faire
un topique , ou si elle l'a fait , à coup sûr, je
ne le lui avois pas conseillé.

J'en crois M. Thouret , lorsqu'il assure que,
depuis le Rappott de MM. les Gommissaires, les
différentes Compagnies ont sur le Magnétisme
Animal la même opinion que la Société Royale.

Mais sur quoi la fondent-elles cette opinion ? N'est-ce pas absolument *in verba Magistrorum* ? Peut-on dire que la question ait été seulement ébauchée, & doit-on regarder comme sérieux le prétendu examen qu'en ont fait MM. les Commissaires ? Il est tems que le Public sache à quoi s'en tenir; & j'espère bientôt lui procurer cette satisfaction. En attendant, puisque j'y suis forcé, je jette le gant à M. Thouret : qu'il le ramasse.

Je propose de choisir un ou plusieurs Malades, d'en constater l'état par tous les moyens donnés en Médecine; & l'état bien constaté & signé par M. Thouret, sera cacheté & déposé.

Les Malades, de leur côté, feront l'exposé de leurs maux & de leurs souffrances, le signeront, le cacheteront & le déposeront.

On me fera voir les personnes; je ne les toucherai pas, je ne leur parlerai pas : j'employerai seulement ma méthode pour reconnoître leur état; j'en ferai l'exposé, que je signerai & cachéterai; & les trois exposés seront lus devant M. le Lieutenant-Général de Police, douze Magistrats, & autant de Médecins que l'on voudra.

Comme il ne seroit pas possible de constater par l'ouverture, la véracité des causes que j'aurois assignées aux différentes maladies, nous ferons ensuite un pareil nombre d'expériences sur des animaux, qui seront ouverts en présence des mêmes personnes, lorsque j'aurai dreſſé mon Rapport.

Si cette propoſition plaît à M. Thouret, il n'a qu'à l'accepter : du moins ne pourra-t-il pas dire qu'il ſoit queſtion dans tout cela d'imitation, d'imagination ni d'attouchement.

Je ſuis très-parfaitement,

MESSIEURS,

Votre très-humble & très-obéiſſant Serviteur.

Signé, DESLON.

Paris, ce 4 Mars 1785.